恐龙大追踪

崔钟雷　编著

飞行霸主——称霸天空的翼手龙

知识出版社

前言

6 500多万年前，地球上发生了未知的可怕灾难。突如其来的巨变让主宰地球长达1.6亿年的神秘恐龙和许多生物一起消失了。直到一名欧洲人发现了许多埋藏在地下的巨大骨骼化石，恐龙及恐龙时代神秘的动物才慢慢被人了解，并逐渐成为孩子们最感兴趣的史前生物。

恐龙及恐龙时代的其他动物是如何生存的？它们有什么样的特殊习性？又是什么原因让它们从地球上消失了呢？为了满足孩子的好奇心和探索精神，我们精心打造了《恐龙大追踪》系列丛书。让神秘而有趣的恐龙、称霸天空的翼龙和其他一些会飞的爬行动物带领孩子们开启终极探险的神秘之旅，一起去破解神奇的自然密码！

总之，本套丛书用简单活泼的语言和生动逼真的图片引领孩子走进神秘的史前时代；用严谨科学的讲解方式帮助孩子形成对恐龙的系统认识；趣味问题及揭晓答案和孩子进行充分的互动，让孩子对书本爱不释手。相信这套将精彩图文与独特设计完美融合的图书一定会带领孩子走进超级刺激的恐龙体验乐园，让孩子爱上阅读，爱上探索。

编　者

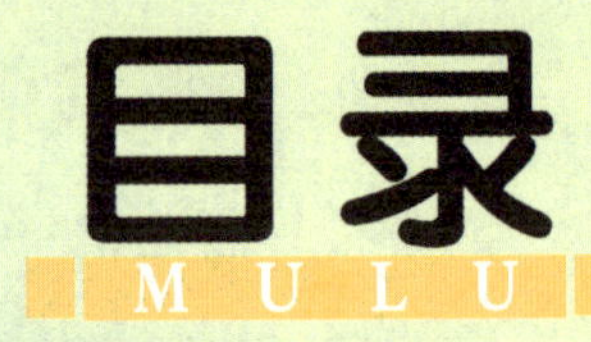

目录

MULU

小盗龙

趣味问题

体形较小的小盗龙有怎样的食性特点呢？

体形特征

小盗龙是目前已知最小的恐龙之一，身长不足一米。小盗龙长着刀片状的牙齿，四肢上有可怕的钩爪。长长的前肢可以像鸟类的翅膀一样向内折叠，细长的尾巴则能够帮助其保持身体平衡。

你知道吗

小盗龙后肢上的长羽毛如同现代鸟类的翅膀，不是对称分布的，一些古生物学家因此判断，小盗龙是以滑翔的方式运动的。小盗龙后肢上的羽毛会妨碍它们在地面上的活动，因此，它们可能是栖息在树上的。

揭晓答案

小盗龙的体形虽小，但它们也不是“吃素的”。小盗龙的名称意为“小型盗贼”，这显示，小盗龙是一种肉食性恐龙，它们主要以昆虫、蜥蜴等小型动物为食。

羽毛特点

小盗龙是最早被发现的有翅膀和羽毛的恐龙之一。小盗龙的皮肤表面覆盖着厚厚的羽毛，头部、前肢和脚部都有长长的羽毛，尾部末端还长有钻石状的羽扇。个别种类的小盗龙头部或许还有高高竖起的羽毛冠饰。

前肢结构

小盗龙前肢收起时，前肢上的羽毛仍会拖在地上。当小盗龙攻击猎物时，羽毛也会接触地面。只有在前肢高举或上摆时，羽毛才能避免接触地面。这样的身体结构并不利于小盗龙用前肢捕捉猎物。

滑翔方式

小盗龙可能利用起伏运动的方式来滑翔，它们可以从树枝上俯冲，以 U 形轨迹滑翔到地面上或者另一棵树上。小盗龙胫骨和尾巴上的羽毛则能够帮助它们控制飞行的方向和轨道。

彩虹光泽

一项最新的研究显示，小盗龙的羽毛在阳光的照射下会发出黑色和蓝色的光芒，出现彩虹光泽。如果这个推测属实的话，那么小盗龙将是目前已知的地球上最早具有彩虹光泽的恐龙。

古神翼龙

起源

古神翼龙生存于白垩纪早期，它们的化石发现于巴西和中国。目前，最原始的古神翼龙化石发现于中国，这显示，古神翼龙起源于亚洲。

不同冠饰

古神翼龙头上的冠饰有不同的类型：一些种类的古神翼龙的冠饰是由口鼻部的半圆冠饰和从头部向后延伸的骨质分岔构成的；另一些种类的古神翼龙的冠饰成帆状，头部后方没有骨质分岔。

古神翼龙特别的冠饰有什么作用呢?

揭晓答案

古神翼龙冠饰的大小和形状因个体的不同而不同，美丽的冠饰可能起到吸引异性的作用，也可能是古神翼龙与同类交流信息的工具。

活跃的动物

2011 年，生物学家比较了翼龙类、现代鸟类和爬行动物的生活习性后指出，古神翼龙可能是一种非常活跃的动物，它们的活动和觅食等行为不因是白天或是黑夜而停止，它们每天都只做短暂的休息。

风神翼龙

捕食方式

古生物学家推测，风神翼龙的捕食方式可能有两种。一种是在浅水区域跋涉，捕食水中的猎物，这种方式和今天的鹭鸟很像。另一种是在空中飞行观察，然后迅速俯冲，捕食在水面附近活动的鱼类。这种捕食方式又很像现在的信天翁，同时，这种方式也适合捕食陆地上的小型猎物或大型恐龙的幼崽。

巨大的翅膀

目前发现的风神翼龙的化石并不完整，但是根据发现的翅骨碎片可以看出，风神翼龙有着巨大的翅膀。成年风神翼龙的翼展为11~15米，据此可以判定，风神翼龙是地球有生命以来最大型的飞行动物之一。

定期进食

风神翼龙的新陈代谢很快，它们需要将大量的蛋白质转化为能量，因此，风神翼龙需要定期进食。它们会在白天做长距离飞行，寻找自己的猎物。

别名

风神翼龙生存于白垩纪晚期，是一种翼手龙类动物。除了风神翼龙这个名字之外，它们还有另外一个名字，叫作披羽蛇翼龙。这个名字来源于阿兹提克文明的披羽蛇神。

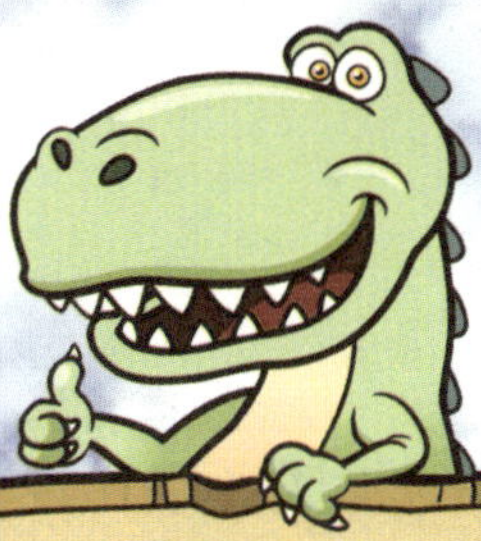

风神翼龙的头部很大，头上有脊冠，这是它与其他翼龙最显著的区别。风神翼龙的脖子很长，喙状嘴又细又长，喙状嘴的前端是钝的，而不是尖锐的，嘴中没有牙齿。

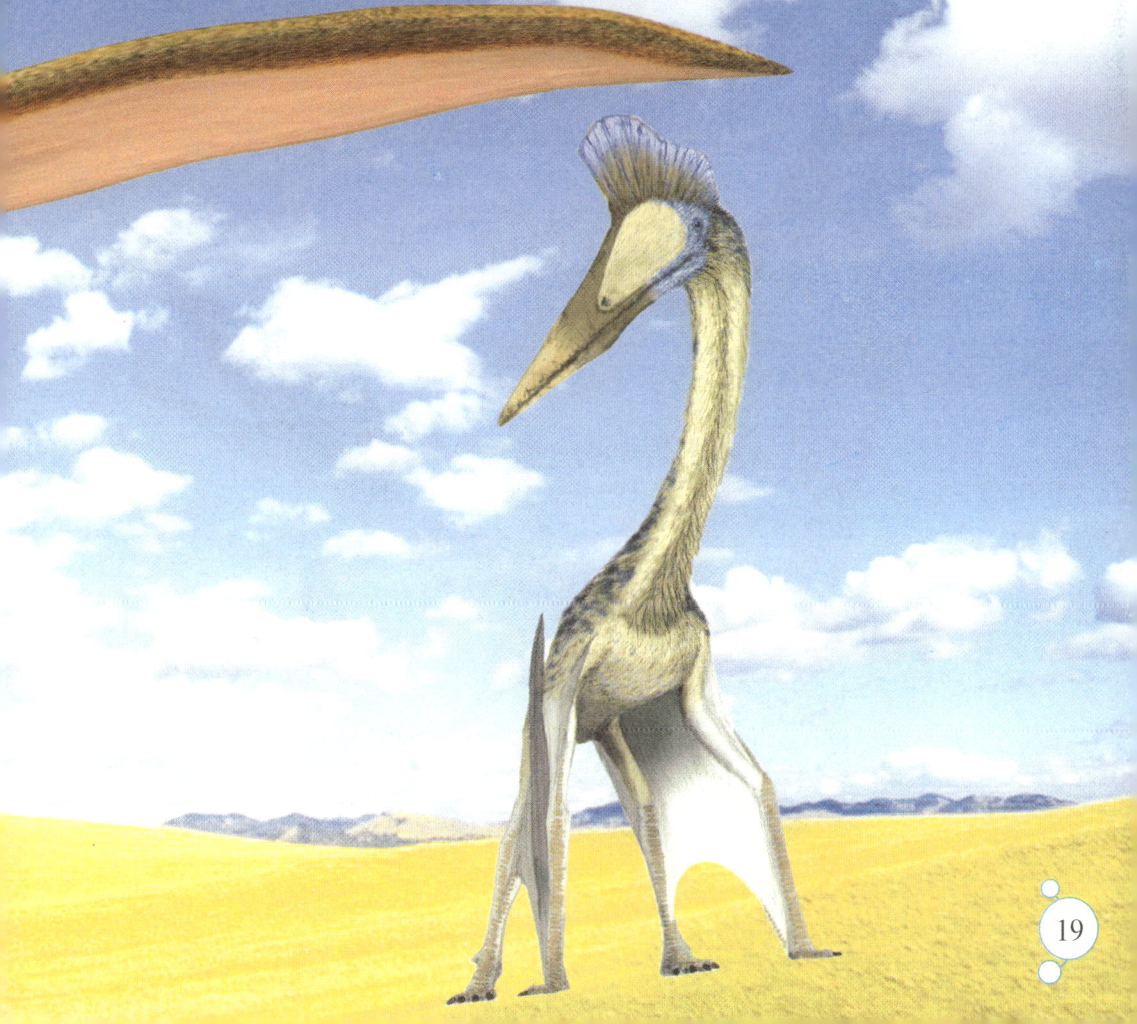

飞行优势

风神翼龙翅膀的面积非常大，堪比现代的小型飞机，但是风神翼龙的骨骼是中空的，再加上瘦小的躯干，风神翼龙的身体总重量可能还没有一个成年人重，这让风神翼龙具备了比现代滑翔机更出色的滑翔能力。

它们可以借助上升气流快速地冲上云霄。巨大的双翼也使风神翼龙能够长时间在空中飞行。

生活方式

风神翼龙会将自己的大部分时间用在飞行上，疲倦的时候，它们会来到陆地上休息，它们的行走方式很可能是四足行走。

包科尼翼龙

外形特征

包科尼翼龙是一种体形中等的翼龙，它们的翼展为 3.5~4 米。包科尼翼龙与其他种类的翼龙相比，口鼻部较高，因此，它们可能有不同的食物来源。

趣味问题

从身体结构上看，包科尼翼龙有什么捕食优势吗？

包科尼翼龙的喙状嘴与鸟类的喙很像，尖尖的喙状嘴可以使其在觅食的时候迅速捉住猎物。而且，包科尼翼龙的下颌坚硬有力，会让到嘴的猎物插翅难飞。

化石的发现与命名

包科尼翼龙的化石是第一个发掘于匈牙利的翼龙类化石，已被发掘的包科尼翼龙化石是一个几乎完整的下颌化石。此下颌化石发掘于匈牙利维斯普雷姆州，该地区位于包科尼山脉附近，因此，这种恐龙就被命名为包科尼翼龙。

无齿翼龙

体形特征

无齿翼龙生存于白垩纪晚期，是一种体形较大的翼龙，翼展可达 9 米。无齿翼龙的头部很大，眼睛也很大，喙状嘴很长，嘴中没有牙齿，几乎没有尾巴。

皮囊的作用

无齿翼龙的喉颈部有皮囊，一些古生物学家猜测，无齿翼龙的皮囊可能是用来维持头部平衡的；也有一些古生物学家认为，无齿翼龙的皮囊是用来储存食物的，它们会像鹈鹕一样吞食鱼类。

趣味问题

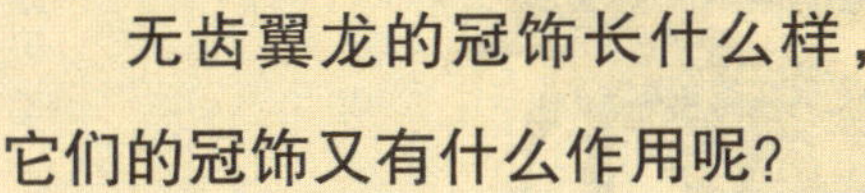

无齿翼龙的冠饰长什么样，

它们的冠饰又有什么作用呢？

食性特点

无齿翼龙生活在海边的岩石峭壁上，主要以捕鱼为生。此外，无齿翼龙还食用软体动物、螃蟹、昆虫和死去动物的尸体等。无齿翼龙会在水面上滑翔并寻找鱼类。一旦发现鱼类，无齿翼龙就会用长长的喙状嘴将鱼捉住。

大众文化

无齿翼龙是一种非常著名的翼龙，经常出现在大众文化中。无齿翼龙曾出现在电影《侏罗纪公园 2》和《侏罗纪公园 3》中。但其中关于无齿翼龙的叙述有很多错误。电视节目《海底霸主》和《远古入侵》则更加准确地描述了无齿翼龙。

揭晓答案

无齿翼龙的冠饰尖尖的，从口鼻部一直向头部后方延伸。雄性无齿翼龙的冠饰要比雌性的冠饰大，因此，无齿翼龙的冠饰可能是求偶用的，也可能是维持身体平衡的工具。

滑翔特点

有证据显示，无齿翼龙大部分时间是在滑翔，它们会利用上升的热气流顺势抬高自己的身体进行滑翔。而且，无齿翼龙还能远距离滑翔。它们可能会张开自己巨大的翅膀在天空中滑翔，只是偶尔地扇动一下翅膀。

行走方式

无齿翼龙在地面上的行走方式一直是人们争论的话题。大多数研究人员认为，无齿翼龙以四足行走；而近几年来的研究则认为，无齿翼龙以后足行走。

正双形齿兽

会飞的爬行动物

正双形齿兽是生活在三叠纪晚期欧洲地区的一种会飞的爬行动物，其翼展约 75 厘米，具备比较强的飞行能力。

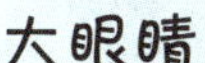

大眼睛

正双形齿兽有一双大眼睛，这双大眼睛是正双形齿兽捕猎过程中的重要帮手，当正双形齿兽在海面上低飞的时候，这双大眼睛能准确判断出水中游鱼的位置。正双形齿兽的眼睛不仅能判断出水中游鱼的位置，还能准确判断空中飞行的昆虫的位置。

趣味问题

正双形齿兽的尾巴上有一个球状物，这个球状物是用来做什么的呢？

揭晓答案

正双形齿兽飞行的时候，尾巴上的球状组织总是随着身体的摆动荡来荡去，这种球状组织能帮助正双形齿兽在飞行的时候掌控方向。

空中霸主

正双形齿兽是最早飞上蓝天的爬行动物之一，与所有会飞的爬行动物一样，正双形齿兽的前肢向后伸展到后肢，形成了皮膜状的翅膀。强健的胸部和前肢的肌肉对正双形齿兽的飞行十分有利，正双形齿兽也凭借强大的飞行能力成为了空中霸主。

捕食特点

正双形齿兽主要以鱼类和昆虫为食，它们能够在水面低飞，一旦发现猎物，它们的门牙就会像獠牙一样伸出，紧紧地咬住猎物。

又大又长的嘴巴

正双形齿兽的嘴巴很特别，它们的嘴巴又大又长，这样的嘴巴和现在海鸥的嘴很像。人们目前还不知道它们嘴巴的真正作用，可能用于在求偶时吸引对方，或者在赢得领地时炫耀自己。

矛颌翼龙

外形特点

矛颌翼龙生活在侏罗纪早期的欧洲，它们的头部很大，长约 40 厘米，头顶长有大型脊冠。矛颌翼龙之所以有这样的名字，是因为它们锋利的喙状嘴长得很像长矛。此外，矛颌翼龙还长有粗壮的脖子、娇小的身体和强壮的四肢。

牙齿特点

矛颌翼龙是一种异形齿动物，喙状嘴中长满了不同形态的牙齿。嘴部前端的牙齿长而弯曲，当嘴部闭合时，前端的牙齿会露在外面；嘴部后端的牙齿则相对较小而且笔直。

趣味问题

矛颌翼龙长矛一样的喙状嘴有什么作用？

揭晓答案

矛颌翼龙长矛一样尖锐的喙状嘴可以轻易戳穿猎物坚硬的甲壳，交错的牙齿可以让矛颌翼龙牢牢地咬住身体表面光滑的鱼类，更加有利于矛颌翼龙捕食。

生活习性

矛颌翼龙生活在海岸附近，以邻近海面的鱼类或体表光滑的海生动物为食。矛颌翼龙不仅能够飞行，还能以后足或四足着地的方式在陆地上行走。幼年时期的矛颌翼龙生长速度很快，但当它们成年后，生长速度就会变慢。

达尔文翼龙

达尔文翼龙的名字与英国的生物学家达尔文有关系吗?

身体构造

达尔文翼龙的头部和颈椎构造有翼手龙类的特征，而身体的其他构造又与喙嘴龙类相似，比如尾巴细长、后肢第五趾有两个长趾节等。

年代久远

达尔文翼龙的化石发现于侏罗纪中期的地层中，距今大约有1.6亿年。达尔文翼龙在地球上出现的时间比始祖鸟还要早大约1000万年。

牙齿特征

达尔文翼龙的牙齿细长而且尖锐，这样的牙齿表明，达尔文翼龙是一种肉食性动物。但是它们的牙齿又和其他翼龙的牙齿不同，它们的牙齿结构不适合捕食鱼类和昆虫。

捕食特点

与达尔文翼龙生活在同时代的小型飞行动物，都有可能是达尔文翼龙的食物。达尔文翼龙可能用它们长有尖锐牙齿的上下颌，在空中捕捉这些飞行动物，也有可能在快速掠过树顶的时候抓住猎物，这种捕食方式很像现今的蝙蝠在树丛间猎食昆虫的方式。

揭晓答案

达尔文翼龙这个物种被公开的时候正是英国生物学家、进化论奠基者达尔文诞辰200周年之际，也是他的《物种起源》发表150周年纪念日，达尔文翼龙由此得名。

重要意义

达尔文翼龙是目前已知的唯一由原始类群（非翼手龙类）向进步类群（翼手龙类）演化的过渡类型。因此，它们的发现对研究翼龙的演化和分类具有非常重要的意义。

鸟脚龙

完美的“滑翔机”

鸟脚龙生活在海上，主要以鱼类为食。鸟脚龙的体形虽然很大，但是其体态十分轻盈。鸟脚龙会随着海上的气流进行长距离滑翔，看上去就像是一架完美的滑翔机。

大型翅膀

鸟脚龙生存于白垩纪早期，是一种会飞的肉食性翼龙。鸟脚龙的翅膀很大，翼展可达 12 米，身长约 3.5 米，体重约为 100 千克。鸟脚龙巨大的翅膀说明它们很擅长飞行。

鸟脚龙是如何利用翅膀飞行的?

外形特点

鸟脚龙体形庞大，这样的身体特点可能是鸟脚龙最突出的生存优势。鸟脚龙的喙状嘴又长又大，几乎与头部一样长。

迁徙特点

目前我们还没有证据证明身形巨大的鸟脚龙能够进行长途飞行，但鸟脚龙的化石确实出现在世界的各个角落，且发现的化石都是同一种类的。对于这并不多见的现象，专家们给出的答案是，鸟脚龙会利用它们的巨翼迁徙到世界各地。

鸟脚龙飞行时，并不是用力振动翅膀，而是不断利用上升气流来飞行。但在暴风雨来临时，鸟脚龙无法飞行，因此在暴风雨即将来临时，鸟脚龙会找到洞穴以暂时藏身。

轻盈的身躯

鸟脚龙的骨骼是中空的，身体里还有充满空气的气囊，这能有效地减轻它们的体重，使它们有一个轻盈的身躯。

鸟掌翼龙

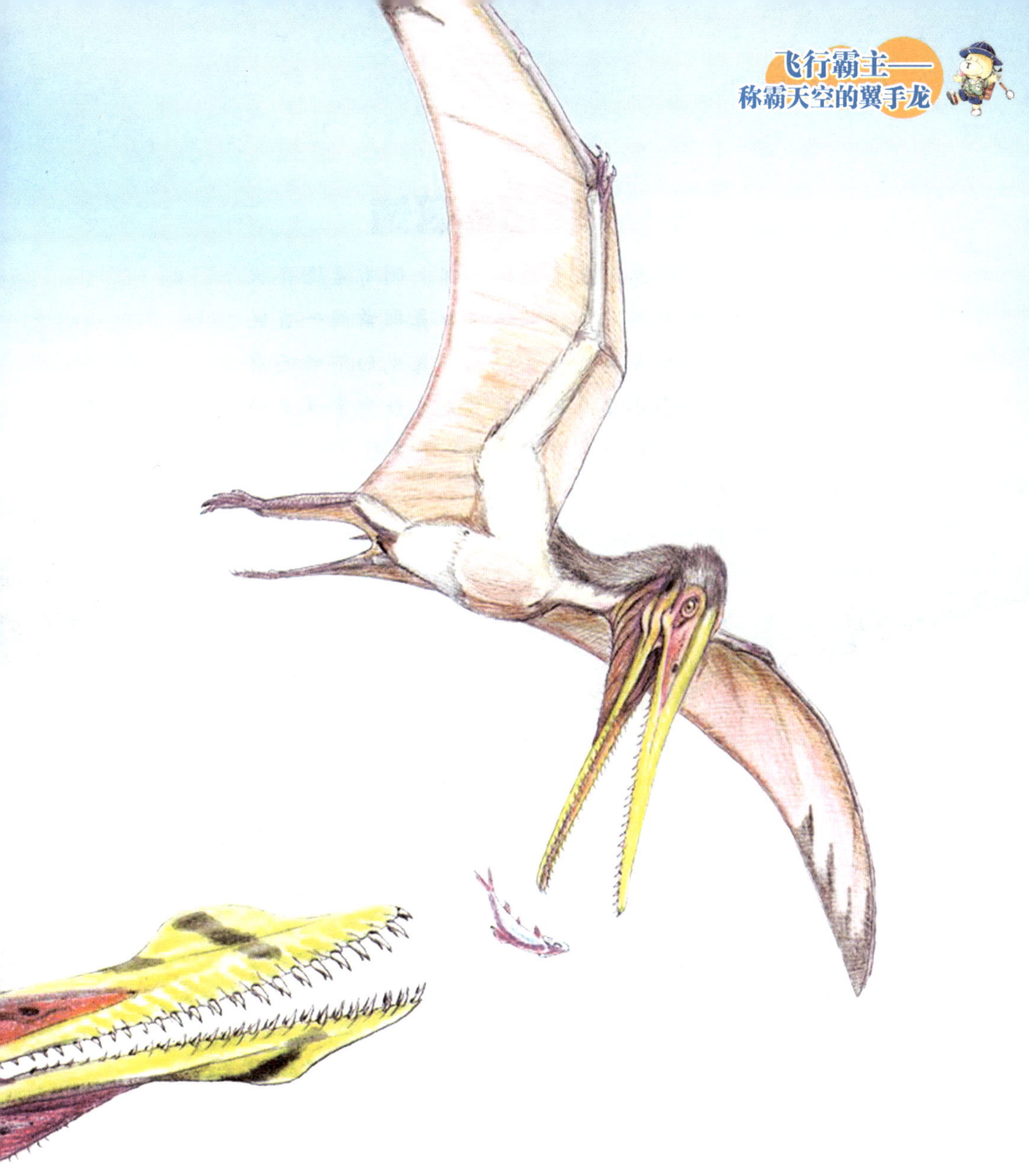

总体介绍

鸟掌翼龙生存于白垩纪早期的欧洲和南美洲，其名称意为“鸟类的手掌”。鸟掌翼龙翼展约 6 米，是一种大型翼龙。已被发现的鸟掌翼龙化石过于零碎，这给古生物学家的研究带来了一定困难。

突出的冠饰

鸟掌翼龙的口鼻部上侧有呈隆脊状突起的冠饰，冠饰从口鼻部前端一直延伸到鼻孔的位置。鸟掌翼龙的下颌还有一个小型冠状突起，大多数鸟掌翼龙的头部后方长有圆形的骨质头冠。

趣味问题

鸟掌翼龙的后肢与鸟的爪子相似，那二者之间有亲缘关系吗？

身体特征

鸟掌翼龙站立时的高度可达 3 米，而大部分高度都在头部。鸟掌翼龙还有一个几乎与头部一样长的嘴巴，嘴巴前端长满了锋利的牙齿。

空中旅行家

古生物学家不仅仅在鸟掌翼龙的生存地区发掘出了其化石，在其他很多地区也发现了鸟掌翼龙的化石。这说明鸟掌翼龙有迁徙的习性，而且它们的迁徙多数是长途的。不得不说，鸟掌翼龙是名副其实的空中旅行家。

食性特点

在日本电影《你看起来很好吃》中，鸟掌翼龙叼着一颗果实飞在天空中，然后将果实抛到了海里。我们不能确定鸟掌翼龙是否会采食植物的果实，但鸟掌翼龙长长的嘴巴告诉我们，鱼类才是它们的最爱。

揭晓答案

有古生物学家认为，现今鸟类与翼龙有亲缘关系，鸟掌翼龙是翼龙类和鸟类之间的过渡类型，这也就解释了鸟掌翼龙后肢与鸟爪相似的现象。

翅膀的作用

鸟掌翼龙的翅膀不仅有利于其长距离飞行，还能帮助其散热。鸟掌翼龙在长距离飞行后，体内积累了大量热量，这时候它们会张开翅膀以散发体内的热量。

西阿翼龙

化石的发现

目前，被发现的西阿翼龙化石只有一具，此化石发现于巴西东北部。1993 年，化石商人把这具化石卖给了意大利古生物学家。但在搬运和交易的过程中，这具化石受到了严重的损伤。

体形特征

西阿翼龙生存于白垩纪早期的南美洲，属于大型翼龙类。西阿翼龙的尾巴很长，但是脖子很短，它们的翼展为4~5.5米。

趣味问题

作为一种大型翼龙，西阿翼龙的飞行方式有什么特点呢？

牙齿特点

从西阿翼龙的化石可以看出，西阿翼龙嘴部前面的牙齿较大、较粗，后面的牙齿相对较小，上下颌前段较宽，中间较窄，咬合时牙齿会相互交错。这样的结构适合以海生动物为食，能使西阿翼龙牢牢地咬住体表光滑的鱼类。

化石的重建

在西阿翼龙化石的重建过程中，古生物学家在开始的时候将上下部分放错了位置。后来经过重组，古生物学家发现西阿翼龙头上并没有头冠或冠饰。

很多大型翼龙并不以振动双翼飞行，而主要以滑翔为主。西阿翼龙的飞行方式更加接近现代鸟类的飞行方式，它们是靠双翼主动飞行的，而并非单纯地滑翔。

大众文化

看过小说《侏罗纪公园》的人对西阿翼龙一定不陌生，在电影《侏罗纪公园 3》中也有西阿翼龙出现。另外，西阿翼龙也曾出现在动画电影《历险小恐龙》中。

帆翼龙

体形特征

帆翼龙是一种体形中等的翼龙类，生存于白垩纪早期。帆翼龙的头颅骨相对较短，长度约为45厘米。其翅膀巨大，翼展可达5米。

牙齿特点

帆翼龙的牙齿呈三角形，侧面扁平。它们的牙齿十分细小，但非常锐利。咬合时，帆翼龙的牙齿会相互交错，这样的牙齿结构是它们最好的捕食工具。

食腐动物

帆翼龙拥有极为特殊的刀面切齿，一些古生物学家因此推测，帆翼龙除了食用鱼类之外，还会食用动物的腐肉。但是这种观点目前尚未被证实。

趣味问题

帆翼龙的捕食方式是怎样的呢？

鸭嘴翼龙

帆翼龙的喙状嘴很长，长度几乎与头部的长度相当。而且帆翼龙的喙状嘴平坦而圆滑，就像鸭子的嘴巴一样，因此，帆翼龙有时被戏称为鸭嘴翼龙。

揭晓答案

在捕食的时候，帆翼龙会在低空滑翔，寻找接近水面的鱼类。然后，帆翼龙会趁其不备，俯冲下去，用锋利的牙齿牢牢地把鱼叼起，不给猎物逃跑的机会。

妖精翼龙

趣味问题

妖精翼龙巨大的翅膀是不是很重呢?

不同头冠

古生物学家对妖精翼龙化石的分析显示，妖精翼龙的头冠形状存在个体差异。不同的头冠形状可能代表个体的不同年龄或不同性别。也有其他研究人员认为，不同的头冠形状代表不同种类的妖精翼龙。

古代王者

妖精翼龙是一种大型翼龙，它们的身长为 2.5 米，翼展一般为 5.4 米。最大的妖精翼龙的翼展甚至可以达到 6 米，仅头颅骨的长度就有 90 厘米长。

妖精翼龙的翅膀虽然很大，但并不是很重。它们翅膀中的骨头是中空的，这能够有效减轻妖精翼龙翅膀的重量。

食性推测

妖精翼龙是一种没有牙齿的大型翼龙，其头颅骨相对很长，古生物学家推测，它们可能生活在南美洲的海岸边，并且以鱼类作为自己的主食。

无齿翼龙的近亲

妖精翼龙的头冠使得它们看上去和无齿翼龙很相似，因此，古生物学家推测妖精翼龙是无齿翼龙的近亲。但是妖精翼龙的头冠比无齿翼龙的头冠更大、更明显。

大型头冠

成年妖精翼龙的头冠很大，从口鼻部开始生长，向头的后方延伸。雌性妖精翼龙和雄性妖精翼龙都长有大型头冠，但是从外表上看，雌性的头冠比雄性的头冠更圆。

始祖鸟

始祖鸟在生物演化历史中备受关注，这是为什么呢？

化石的发现

1860 年，古生物学家首次发现了始祖鸟的化石。最初发现的始祖鸟化石只是一根羽毛标本，这根羽毛长 6.8 厘米，宽 1.1 厘米。此标本现被存放在德国慕尼黑市科学研究院的博物馆中。

原始鸟类

始祖鸟又名古翼鸟，生存于侏罗纪晚期，曾被认为是最早以及最原始的鸟类，也被认为是鸟类的祖先，始祖鸟的名字也由此而来。

揭晓答案

始祖鸟兼具鸟类和恐龙的部分特征，因此被认为是鸟类和恐龙之间的过渡生物。始祖鸟很可能是第一种由陆地生物转变成鸟类的生物。

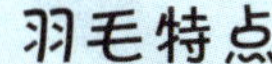

始祖鸟的羽毛与现代鸟类的羽毛在结构上十分相似。它们有着发达且不对称的飞羽，而关于其体羽的资料则相当少。始祖鸟的头部及颈部上方并没有明显的羽毛，背部有对称分布且结实的正羽，尾巴上的羽毛较小，呈不对称分布。

外形特点

始祖鸟的身长可达半米，形状与喜鹊相似。它们的头部像鸟，嘴中长有细小而锋利的牙齿。翅膀很宽，末端呈圆形。后足的三趾都有弯曲的爪。此外，始祖鸟还长有长长的骨质尾巴。

始祖鸟与原鸟

古生物学家曾发现了一些所谓比始祖鸟还早的鸟类化石，这种鸟被命名为原鸟。但原鸟化石没有得到很好的保存，因而古生物学家不能对其飞行能力做出评估。很多古生物学家都反对原鸟就是更早的鸟这种说法，甚至质疑它的存在，因此，始祖鸟目前仍然是广被接受的最早鸟类。

飞行特点

始祖鸟不对称的飞羽和宽阔的尾羽能够产生升力，较大的翅膀能够减慢降落速度，也能减小转弯半径。始祖鸟究竟是振翅飞翔还是纯粹地滑翔还是未知。但始祖鸟缺乏胸骨，这显示它们并不是很善于飞行。

哈特兹哥翼龙

大型翼龙

哈特兹哥翼龙是一种发现较晚的翼龙，化石发现于罗马尼亚特兰西瓦尼亚，生存年代为白垩纪晚期。已被发掘的哈特兹哥翼龙化石包括头颅骨碎片、左肱骨和其他一些破碎的部分。这些化石显示，哈特兹哥翼龙是一种大型翼龙，翼展可达 12 米，甚至更长。

趣味问题

哈特兹哥翼龙头骨的体积很大，它们的头会不会很重呢？

化石对比

哈特兹哥翼龙的许多特征类似其近亲风神翼龙，但哈特兹哥翼龙的头骨较大，颌关节类似无齿翼龙。哈特兹哥翼龙的头骨约 3 米长，可能比风神翼龙的头骨还大。古生物学家推测，哈特兹哥翼龙的头颅骨可能是非海生动物中最长的。

头部构造

哈特兹哥翼龙的口鼻部宽广且十分坚固，下颌较大。它们的颌关节有独特的沟槽，其他一些种类的翼龙也具有这种构造，这种结构可以使它们的嘴巴张得更大。

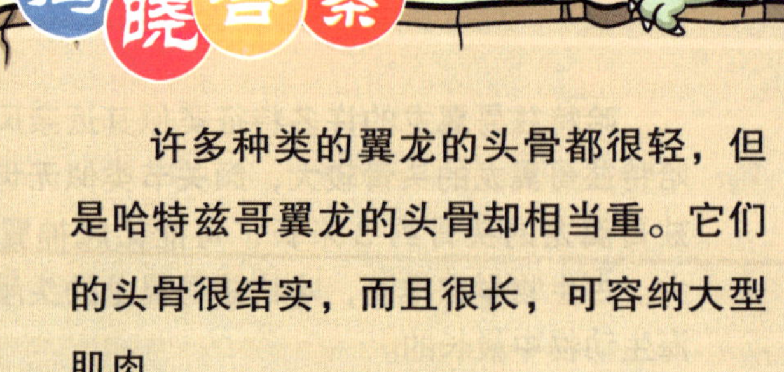

揭晓答案

许多种类的翼龙的头骨都很轻，但是哈特兹哥翼龙的头骨却相当重。它们的头骨很结实，而且很长，可容纳大型肌肉。

利于飞行的身体优势

哈特兹哥翼龙虽然体形巨大，但特殊的身体结构可以减轻体重，保证飞行能力。例如，哈特兹哥翼龙的骨头内部有空洞，这些空洞由极薄的骨梁支撑，这样的骨骼具备很高的强度，可以承受飞行过程中的阻力。

科罗拉多斯翼龙

长而尖的牙齿

科罗拉多斯翼龙长有长而尖的牙齿，这种牙齿有利于捕捉鱼类。其吻部最前端的一对牙齿向前伸出，牙齿长度可达 8 厘米，超长的牙齿使得科罗拉多斯翼龙成为了翼龙中的王者。当它们的嘴巴合拢时，几颗大牙齿会与吻部的其他牙齿聚拢在一起，以恐吓敌人或捕食鱼类。

趣味问题

科罗拉多斯翼龙可谓当时的强者，它们有延续的后代吗？

困难重重

科罗拉多斯翼龙生活在白垩纪晚期的北美洲、南美洲和欧洲，已被发掘的化石包括部分头颅骨和一些破碎的骨骼化石。古生物学家发掘出的科罗拉多斯翼龙的化石较少，这使科罗拉多斯翼龙的复原工作变得困难重重。

揭晓答案

翼龙并没有直系后代生存至今，这个物种与恐龙一起，在 6 500 万年前白垩纪末期的灭绝事件中灭绝了。

顾氏小盗龙

趣味问题

顾氏小盗龙是什么食性的恐龙呢?

“微型”恐龙

在人们的印象中，恐龙都是庞然大物，可以轻易置其他动物于死地，但事实上，恐龙家族中也存在体形较小的“微型”恐龙，顾氏小盗龙就是其中的一种。

名称含义

“小盗龙”有小偷之意，种名定为“顾氏”则是为了纪念为热河生物群做出重大贡献的中国著名古生物学家顾知微院士。

生活在树上的恐龙

顾氏小盗龙生存于一亿三千万年前的白垩纪早期。它们生活在树上，身长不到一米，四肢和尾巴都覆盖着羽毛，由于龙骨突不够发达，飞行能力仅略强于始祖鸟。

羽毛丰富

顾氏小盗龙的后肢股骨、胫骨上发育有很长的羽毛，与前肢上的飞羽类似。第15~18节尾椎以及之后的尾椎上发育有较长的尾羽，向后逐渐变长。这种羽毛分布形式表明，从兽脚类恐龙向鸟类的演化过渡过程中，可能经过了一个四翼阶段。

顾氏小盗龙体形很小，但嘴巴能张开很大，并且会暴露出满口锋利的牙齿。顾氏小盗龙饥饿的时候，昆虫、小型动物可能成为它的食物。

四个翅膀

顾氏小盗龙最大的特点是长了四个翅膀，上面的两个翅膀和鸟类翅膀相似，可是下面的两个翅膀很独特，像是腿上长满了羽毛，又凭空伸出两个爪子，它们走起路来肯定很费力，但好在顾氏小盗龙具备一定的滑翔能力。

掠海翼龙

体态特征

掠海翼龙生存于白垩纪早期，与它们的近亲古神翼龙共同统治着天空。掠海翼龙是一种大型翼龙类动物，仅头骨的长度就达到了 1.42 米，身长约 1.8 米，翼展近 4.5 米。

掠海翼龙头上巨大的冠饰有什么作用?

保存完好

掠海翼龙的化石发现于巴西东北部。古生物学家认为，翼龙的头骨化石一般很脆弱，想要保存到后世是很难的，但是掠海翼龙的头骨化石却保存得很完好。除了头骨化石，古生物学家还发掘出了掠海翼龙其他身体部位的一些化石。

海面上亮丽的风景线

掠海翼龙凭借庞大的体形很好地适应了海面上恶劣的生存环境。它们会在波涛汹涌的海面上穿梭，飞掠几十米高的海浪，准确地叼起被海浪卷起的小鱼。掠海翼龙的名字正因这种捕食方式而来，而它们也凭借这种捕食方式成为了海面上一道亮丽的风景线。

头冠形态

在掠海翼龙巨大的脑袋上有一个恐怖的头冠，几乎占了整个头部的四分之三。掠海翼龙的头冠从口鼻部开始出现，一直向后方延伸。在头冠突起的后方，还有一个明显的V形凹口。掠海翼龙的头冠既像刀片，又像一个超大号的公鸡鸡冠，高高地耸立在头顶。

揭晓答案

古生物学家在掠海翼龙的冠突化石上发现了纵横交错的沟槽，这可能是调节体温的血管系统。另外，掠海翼龙的头冠也能起到平衡身体与吸引异性的作用。

掘颌龙

大脑袋

掘颌龙生存于侏罗纪晚期的欧洲，它们的翼展约一米。通过对它们的化石的研究，古生物学家们发现，掘颌龙的脑部可能比大多数爬行动物都大，而且，其脑中与视觉、动作有关的部位发育良好。

趣味问题

掘颌龙有什么样的生活习性？

名字含义

掘颌龙的名字意为“船形的颌部”，意指它们独特的钝形的口鼻部，不过这一点也不影响它们的捕食。

振翅飞翔

掘颌龙有一对皮膜形成的翅膀，能像现在的鸟儿一样振翅飞翔。掘颌龙的嗅觉并不好，但它们的视觉灵敏，在飞行的过程中，掘颌龙可以准确地锁定地面上或空中的猎物，然后找准时机发动进攻。

较短的头颅骨

掘颌龙的头颅骨长度占身体比例较小。牙齿沿垂直方向生长，而非倾斜。根据近期研究，掘颌龙的上颌有 16 颗牙齿，下颌有 10 颗牙齿。

揭晓答案

科学家们普遍认为掘颌龙可能属于昼行性动物，而同时期的喙嘴龙、梳颌翼龙可能是夜行性动物。掘颌龙可能是为了避免与以上物种争夺相同的食物来源，所以与它们错开活跃时间。

科内比较

掘颌龙属喙嘴翼龙科，它们与科内其他恐龙相比有着自己的特点。掘颌龙有较宽的嘴部，较短的翼和尾巴。

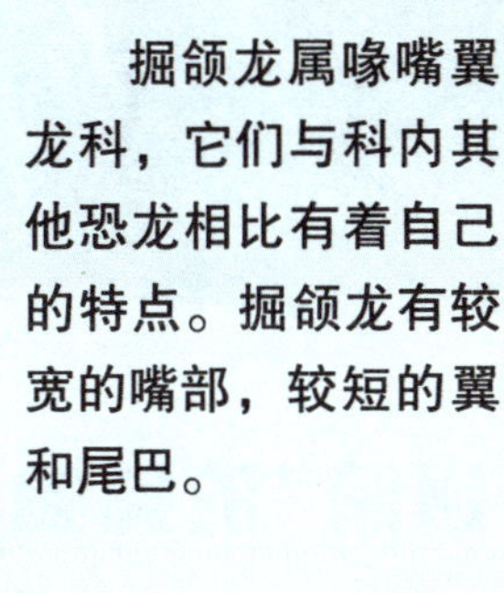

滑翔蜥

带“翅膀”的蜥蜴

滑翔蜥生活在距今 2 亿 ~2.35 亿年前温暖的三叠纪。它们身长约 60 厘米，有蜥蜴状的外貌，身体两侧肋骨延展出来形成两片用于滑翔的“翅膀”。

你知道吗

滑翔蜥能够腾跃到空中，还能够在林间滑翔。它们常在树上活动，很少会下到地面。在滑翔时，滑翔蜥的翅膀向外展开。它们能够利用舌骨上的皮瓣来改变滑翔的方向。

揭晓答案

滑翔蜥有一对皮膜形成的翅膀，这对翅膀长在前后肢之间，从身体的两侧伸展开，由很长的翼肋支撑着。借助这对翅膀，滑翔蜥可以自己腾跃到空中，并能在树间滑翔。

命名原因

滑翔蜥的化石于20世纪50年代在英国布里斯托尔附近的古代洞穴出土。科学家对其飞行能力进行研究，结果显示滑翔蜥能够以类似滑翔的方式飞行，同时，滑翔蜥的外貌看起来和蜥蜴很相似，因此得名滑翔蜥。

最早的“鸟类”

英国的古生物学家将滑翔蜥确定为世界最早的“鸟类”。之所以给滑翔蜥这一“殊荣”，很有可能是因为这种动物是第一种具备空中活动能力的动物。

喙嘴龙

身体特征

喙嘴龙是一种比较原始的翼龙，身上长有细密的绒毛。喙嘴龙体长约半米，翼展一米左右，翼骨间的皮膜是其主要的飞行器官。

食物范围广泛

喙嘴龙因为可以长时间在空中飞行，所以活动范围相对广泛，因此食物资源也并不集中。喙嘴龙以小型恐龙、鱼类、昆虫为主要食物，有时也吃死去的恐龙。另外，喙嘴龙在生长的过程中，牙齿会逐渐变短，这样的牙齿更牢固，这说明随着喙嘴龙体形的增长，它们会逐渐选择更大的猎物为食。

喙嘴龙的尾巴有什么作用呢？

生长过程

刚刚孵化出的喙嘴龙骨头就已经十分坚硬了，所以喙嘴龙可能在孵化不久后就可以行动自如，而且在短时间的生长后就可以飞行，因此，成年喙嘴龙不需要花费太长的时间哺育后代。幼年喙嘴龙的颅骨较短，眼睛相对较大，口鼻部短而钝；在生长的过程中，喙嘴龙的口鼻部会逐渐变得长而尖，并最终长成成年个体。

尾端皮膜

喙嘴龙尾巴末端的皮膜会随着身体的生长而改变形状：幼年喙嘴龙的尾端皮膜略成柳叶刀形；在喙嘴龙体形不断增大直至发育完全并停止生长的过程中，尾端的皮膜则会慢慢变成钻石形。

喙嘴龙长有一条很长的尾巴，尾巴末端有垂直伸长的皮膜。这个皮膜能使喙嘴龙在飞行的过程中保持身体平衡，而且，在喙嘴龙改变飞行姿态或方向时，皮膜可以起到稳定身体的作用。

调节体温

喙嘴龙调节体温的方式与现今的爬行动物很相似，它们会在阳光下暴晒，或是通过剧烈的活动消耗能量获得热量；而在体温过高的时候，喙嘴龙则会到阴凉处散发多余的热量。

奇特的喙嘴

喙嘴龙的上下颌很长，外形与鸟类的喙很相似，上颌长有 20 颗牙齿，下颌长有 14 颗牙齿。当喙嘴龙的嘴闭合时，上颌牙齿与下颌牙齿互相交错，这样的牙齿排列形式非常适合捕鱼。当喙嘴龙从水中咬住鱼的时候，无论鱼如何扭动光滑的身体，这种交错式牙齿都能保证鱼不会挣脱出去，这也从侧面证明了鱼是喙嘴龙的主要食物之一。

蛙嘴龙

迷你翼龙

蛙嘴龙生存于侏罗纪晚期，是一种迷你翼龙，身长只有 9 厘米，但是翼展相对较长，可达 50 厘米。

趣味问题

蛙嘴龙以草蜻蛉和苍蝇等昆虫为食。身形较小的蛙嘴龙是如何捕食的呢？

揭晓答案

古生物学家认为，蛙嘴龙体形较小，无法自己捕捉食物，因此蛙嘴龙几乎一辈子都待在植食性恐龙的身上，以这些植食性恐龙身上的昆虫为食。

身体结构特点

蛙嘴龙的脑袋很小，嘴巴与青蛙嘴相似，嘴中长满了针状牙齿。蛙嘴龙还有一条短而粗壮的尾巴，能使它们从高处向下飞行时更加灵活机动。

蓓天翼龙

振翅翱翔

蓓天翼龙是目前人们已知的最早具有振翅能力的翼龙，这种能力归功于其特殊的翅膀结构。蓓天翼龙的翅膀由前肢和后肢共同构成，从前肢指间长出的皮膜一直向后延伸到后肢，构成了蓓天翼龙的飞行器官。

喜欢的食物

在蓓天翼龙生存的时代，空中的动物并不是很多，翼龙家族成为了空中的霸主。远古蜻蜓是蓓天翼龙最喜欢的食物，作为体形较小的动物，远古蜻蜓飞行轻盈而且灵活，但遇到蓓天翼龙时，远古蜻蜓还是难逃被捕食的命运。

蓓天翼龙有一条长尾巴，这条尾巴有什么作用呢？

轻薄的骨头

蓓天翼龙之所以能够振翅飞翔，除了它们特殊的翅膀结构之外，轻薄的骨头也起到了很大的作用。蓓天翼龙的骨头像纸张一样轻薄，但十分坚固，这样的骨头使得蓓天翼龙的体重很轻，有利于它们飞行。

揭晓答案

蓓天翼龙的身长约 60 厘米，其尾巴的长度就达到了 20 厘米，长长的尾巴能使蓓天翼龙在快速飞行的时候保持身体的平衡。

尖细的牙齿

蓓天翼龙的牙齿像针一样又尖又细，这样的牙齿能够帮助它们快速、准确地捕食昆虫。

雷神翼龙

集群活动

晴朗的天空万里无云，成群的雷神翼龙在天空中飞翔。虽然我们没有生活在那个年代，但是我们可以想象一下，那是一幅怎样壮观的画面！

体形特点

雷神翼龙生存于白垩纪早期，化石发现于巴西。从总体上看，雷神翼龙最明显的地方就是头顶上的大型头冠。而相比巨大的头冠，它们的身体则显得很娇小。雷神翼龙的脖子长且粗，双翼很长，但十分狭窄，看上去类似今天的信天翁。

趣味问题

雷神翼龙高耸的头冠有什么重要作用？

帆船头冠

雷神翼龙长有形状奇特的大型头冠，头冠由颅骨延伸出的两根细长骨棒支撑着，大部分由类似角质的软组织构成，像一只帆船。雷神翼龙的头骨高度仅有 1.5 厘米，但是头冠的高度却能达到 1.2 米，几乎等于头骨高度的 8 倍。

捕食方式

雷神翼龙的捕食方式可能与今天的海鸟类似。它们成群地在海面上飞翔，发现水中的鱼时就迅速靠近海面并捕食。

揭晓答案

雷神翼龙的头冠有平衡身体、控制转向的作用，同时也是雌雄个体之间的明显差异，雄性雷神翼龙的头冠要比雌性雷神翼龙的头冠更大、更鲜艳，以达到吸引雌性的目的。

捻船头翼龙

化石的发现与命名

捻船头翼龙生存于白垩纪早期的欧洲，1995~2003 年，古生物学家在英格兰南部的威特岛发掘出了一种未知翼龙的化石。2005 年，古生物学家对这种翼龙进行了描述，并将其命名为捻船头翼龙。

你知道吗？

捻船头翼龙可能有两个头冠，一个是口鼻部上侧的隆起部分，另一个是颅顶后方的头冠。头冠的作用尚不能明确，但这确实让捻船头翼龙变得与众不同。

牙齿特点

捻船头翼龙的牙齿很有特点：嘴部最前方的两对牙齿最大并且向前倾斜，越后面的牙齿越小；大部分牙齿则略微朝后方、两侧倾斜；最后方的牙齿则垂直于上下颌骨头。第四对牙齿的大小相当于第一对牙齿，第五到第七对牙齿明显小于前方牙齿。

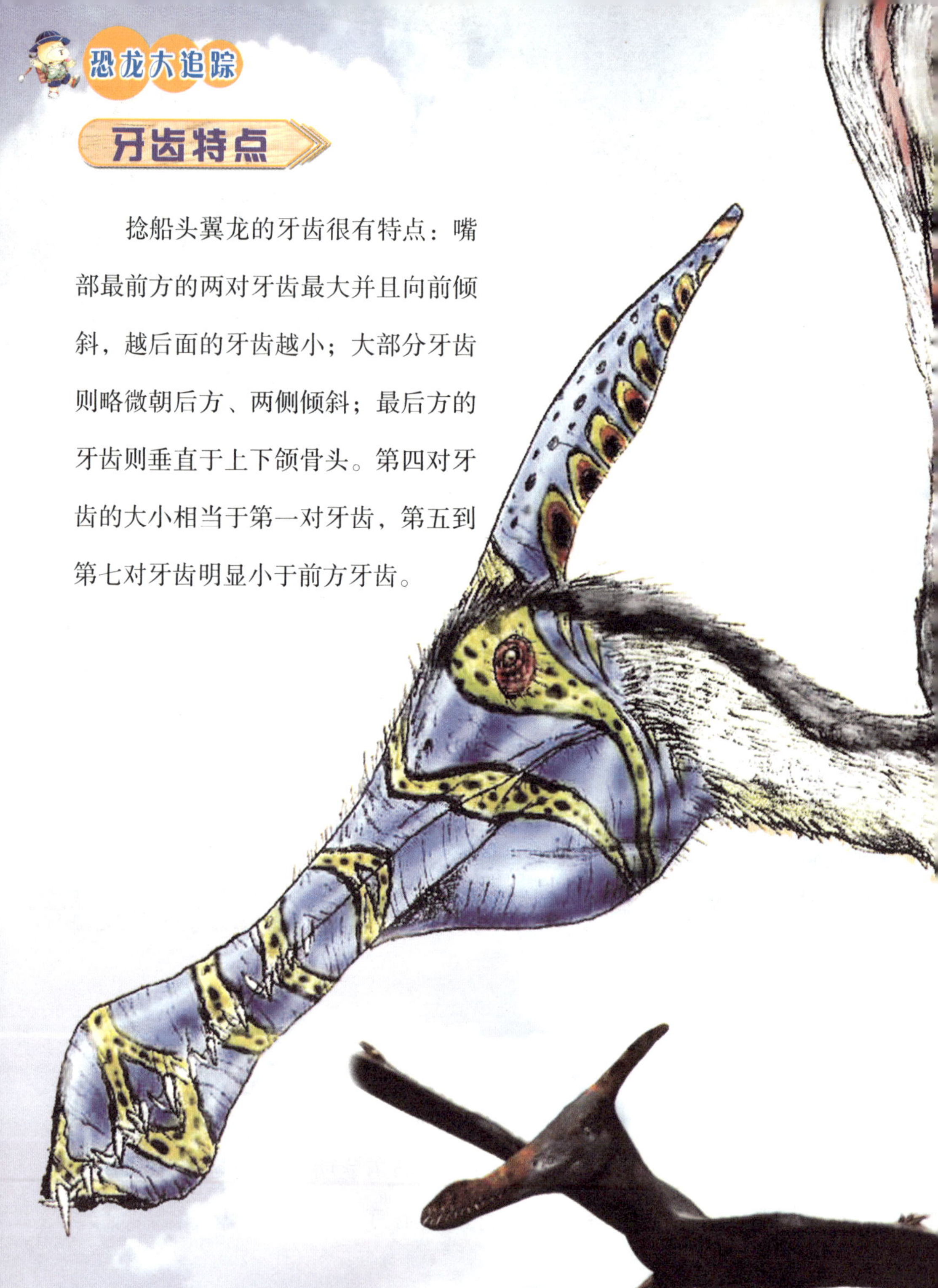

生活环境

在捻船头翼龙的化石发现处，还发现了陆地植物的化石碎片，而且那里并不是海相沉积层，这显示捻船头翼龙可能生活在陆地环境中。

揭晓答案

捻船头翼龙发现鱼之后，可以从水面急速掠过，直奔鱼而去，向外突出的牙齿像一把锋利的耙子，能够把鱼轻松带入嘴里，然后再把多余的水滤出。

蝙蝠龙

飞行特点

蝙蝠龙以滑翔的方式飞行，它们会爬到树梢上或者崖壁上等待上升气流，一旦出现上升气流，蝙蝠龙就会用腿蹬开崖壁，借助上升气流的浮力滑翔。

趣味问题
蝙蝠龙又大又深的嘴巴除了吃食物之外，还有什么作用呢？

蝙蝠龙的嘴巴很不同寻常，它们的嘴巴除了吃食物外，还有两种功能：一种是吸引异性；另一种是在赢得领地时炫耀自己。

食物来源

蝙蝠龙的生活习性和现今的秃鹫很相似，它们不像其他大多数翼龙那样捕食昆虫，而是主要以鱼类为食。同时，蝙蝠龙还会寻找恐龙的尸体为食。

没有尾巴

蝙蝠龙全身覆盖着羽毛，但是它们没有尾巴，这也许是蝙蝠龙只能滑翔的原因之一。

不善于行走

蝙蝠龙的四肢显示它们是不善于行走的，它们的翅膀与前肢的指爪连在一起，后肢小而无力，因此，蝙蝠龙在地面上行走很笨拙。

与吸血蝙蝠的差异

蝙蝠龙与吸血蝙蝠有一些相似的特征，不过它们之间的差异还是很大的，比如，它们的纲目不同，身体器官也不同。在食物方面，吸血蝙蝠食用果实、花蜜和血，而蝙蝠龙则以鱼为食。当然，二者最重要的区别是吸血蝙蝠在现代仍然存在。

翼手龙

广为人知

翼手龙主要生活在亚洲和欧洲地区，古生物学家在根据完整化石复原这种动物后，看到了这种动物的独特外形，翼手龙从此成为一种被多数人认识和了解的飞行动物。

翅膀

翼手龙从前肢的第四指经过身体到后肢披有薄膜状的翅膀。翅膀内部充满胶原纤维，外面覆盖着角质层。

翼手龙是不是同其他翼龙一样，是靠尾巴保持身体平衡和改变飞行方向的呢？

外形特点

翼手龙的种类繁多，体形各异，大小不一。一些种类像鹰一样大，一些种类小如麻雀。翼手龙的头骨轻而紧密，脖子长而柔软，嘴巴细长。

翼手龙的尾巴极短，这说明翼手龙的飞行能力较强，因此它们不需要利用长尾保持身体平衡和改变飞行方向。

飞行能力

翼手龙的后肢很短，在陆地上并没有太多的用处，因此，翼手龙大部分时间都是在空中飞行的。一些科学家认为，体形较大的翼手龙不具备像鸟类一样的飞行能力，它们会先爬到高处，迎风张开自己的双翼，然后借助上升气流使自己在空中翱翔。

食性特点

翼手龙是一种肉食性动物，以昆虫为食，有些种类也可能会觅食鱼类。较强的飞行能力和较高的灵活性使翼手龙具备了在飞行中捕食的能力。

物种发现

古生物学家最开始发现翼手龙的化石时，并不确定这是什么动物。有人说它们是一种海生动物，也有人说它们是鸟类和蝙蝠的过渡种类，最终，翼手龙被确定为是一种会飞的爬行动物。

附：翼龙的感悟

一只翼龙经常在天空中看地面的世界。

他最爱吃鱼。

空中虽然有同伴，但空中动物的数量还是很少，翼龙感到很无聊。

他经常来到陆地上，想认识其他动物。

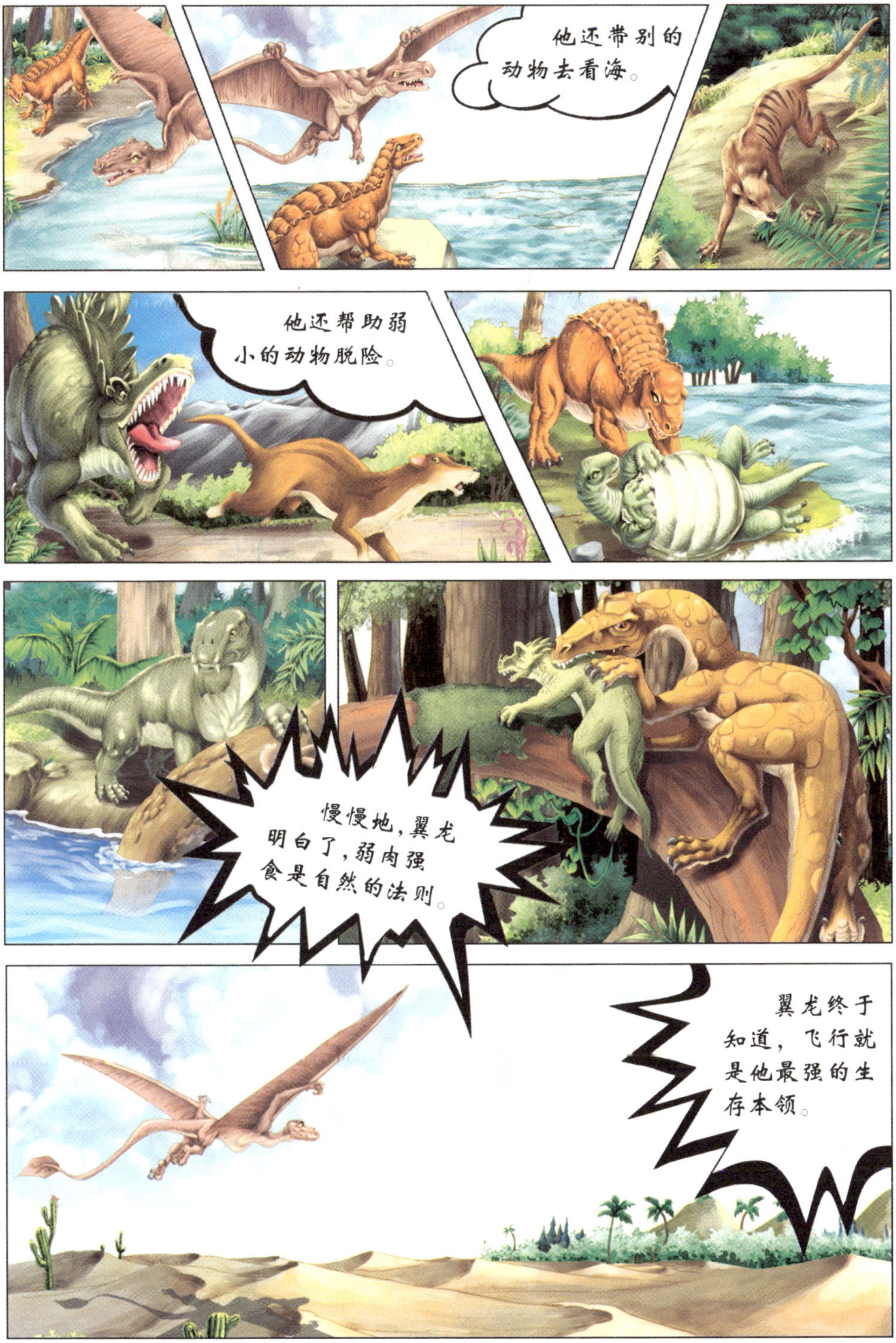

慢慢地，翼龙明白了，弱肉强食是自然的法则。

翼龙终于知道，飞行就是他最强的生存本领。

图书在版编目（CIP）数据

飞行霸主：称霸天空的翼手龙 / 崔钟雷编著. --
北京：知识出版社，2014.9
（恐龙大追踪）
ISBN 978-7-5015-8208-2

Ⅰ. ①飞… Ⅱ. ①崔… Ⅲ. ①恐龙－普及读物 Ⅳ.
①Q915.864-49

中国版本图书馆 CIP 数据核字(2014)第 214163 号

恐龙大追踪——飞行霸主：称霸天空的翼手龙

出 版 人 姜钦云
责任编辑 李易飏
装帧设计 稻草人工作室
出版发行 知识出版社
地　　址 北京市西城区阜成门北大街 17 号
邮　　编 100037
电　　话 010-88390659

印　　刷 北京一鑫印务有限责任公司
开　　本 889mm × 1194mm 1/16
印　　张 8
字　　数 80 千字
版　　次 2014 年 9 月第 1 版
印　　次 2020 年 2 月第 3 次印刷
书　　号 ISBN 978-7-5015-8208-2
定　　价 28.00 元

版权所有 翻印必究